衣冠百年

20世纪中国时尚流行图绘

幸雪◎著

中国纺织出版社有限公司

内 容 提 要

《衣冠百年：20世纪中国时尚流行图绘》从科普视角，以服饰图绘的形式阐述了我国20世纪服饰流变的轨迹。全书按服饰流变的特征分为七个部分：1900—1920年袍装新韵、1920—1930年西方幻想、1930—1940年民族设计、1940—1950年拙朴艺术、1950—1980年革命浪漫、1980—1990年设计之光、1990—2000年文化质感，展现了中国时装百年变化中的自我认知过程与国际化发展路径，揭示了性别要素、文化语言、物质基础、政策法规、意识形态、先锋群体在服饰流变中的关键作用。

全书的图绘采用水墨与水彩相结合的形式，注重生活美学的表现，并通过用线变化、墨色变化，以及钩、皴、点、染等手法探索时装插画的中国范式。书中语言通俗易懂，不仅适合服装专业师生、从业人员参考使用，也适合广大服饰文化爱好者阅读与收藏。

图书在版编目（CIP）数据

衣冠百年：20世纪中国时尚流行图绘 / 幸雪著 . --北京：中国纺织出版社有限公司，2022.5

ISBN 978-7-5180-9406-6

Ⅰ . ①衣… Ⅱ . ①幸… Ⅲ . ①服装—历史—中国—20世纪—图集 Ⅳ . ① TS941-092

中国版本图书馆 CIP 数据核字（2022）第 044693 号

责任编辑：李春奕　　责任校对：寇晨晨
责任设计：何　建　　责任印制：王艳丽

中国纺织出版社有限公司出版发行
地址：北京市朝阳区百子湾东里A407号楼　邮政编码：100124
销售电话：010—67004422　传真：010—87155801
http://www.c-textilep.com
中国纺织出版社天猫旗舰店
官方微博http://weibo.com/2119887771
北京华联印刷有限公司印刷　各地新华书店经销
2022年5月第1版第1次印刷
开本：889 × 1194　1/16　印张：10.5
字数：158千字　定价：89.00元

凡购本书，如有缺页、倒页、脱页，由本社图书营销中心调换

前言

PREFACE

相对于西方20世纪的时尚流行研究，中国20世纪的服饰流变研究较为薄弱，除了21世纪初的“民国热”外，学界对新中国时期、改革开放后的服饰特征及其流变机制研究甚少；而针对西方国家20世纪的服饰流变，在学术研究、网络文章中都能找到大量的资料，如果以每十年为一单位，很多服饰研究的学者都能很轻易地说出各时期的服饰特征：从保罗·波烈的东方异域到可可·香奈儿女士的假小子风貌，从玛德琳·维奥内的优雅斜裁到战后迪奥的新风尚，从安德烈·库雷热的太空风貌再到薇薇安·韦斯特伍德的朋克圣经，太多具有时代符号的创新设计深入人心，这也奠定了欧洲时尚设计在世界的中心地位。“西风东渐”这一词让中国时尚相对被动，但事实上，中国20世纪的时尚流行同样有着耐人寻味的人文特色，虽然从表象上来看，20世纪的中国服饰一直在中西风格之间摇摆不定，但每次摇摆都没有脱离传统服饰的设计基因；并且，多个历史事件都能体现出国民对于本土服饰文化的热爱，例如《民国服制》（1912年）、《民国服制条例》（1929年）及《国民服制条例》（1942年）的颁布都没有动摇传统服饰的地位，改革开放的十年后国学热又重回时尚潮流。中国服饰在20世纪的每十年同样具有鲜明的流行表征，时尚流行机制也与西方社会有所差异，其中政治、文化、历史、价值观相对科技、经济因素更为强烈。因此，20世纪的中国服饰流变是一项值得研究的内容，至少依旧有很大研究空间。

笔者收集了20世纪时装杂志336本、历史照片1482张，根据图集及文献梳理了20世纪各时期服饰流行的要点近六十条，发现了服饰流变中多条有趣的轨迹，除了中西服饰文化之间的摇摆外，从文化思潮出发，又强烈地表现出女性化与中性化之间的摇摆，其中的原因包括经济的发展、女性解放意识的崛起、国民意识形态的转变以及西方设计思潮的辅助催化。

近代第一次“女着男装”的现象发酵于1920年代，表现为短发、长袍、西式正装在女装中的流行，此次中性风格流行的最大原因在于五四运动、天乳运动带来的女性思想意识的解放，知识与智慧成为新女性的标杆，从流行的表征上看，此次风潮也是女装对男装直接的“拿来主义”。而至1930年代，国内女装又回归于体现女性柔美线条的旗袍上，30年代旗袍的婀娜多姿也奠定了当代国民对于旗袍的印象和定义。1940　1950年代，衬衫、工装等中性化的款式在女装中逐渐出现，但并未占据主流地位，战争的发酵只是促使服装工艺的复杂度大幅缩减。至中华人民共和国成立初期，中性的女装风格又大量流行，甚至女性化的元素遭到摈弃，此次的“女着男装”极大地反映出社会规范在国内的影响力。至改革开放后，“女着男装”的现象依旧存在，不过此次中性服装的流行属于国民的“自我释放”，服装款式更加多元化，一方面，具有颓废特色的西方70年代流行的嬉皮乡村风格大量涌现，以牛仔服为典范；另一方面，在女性地位日益提高的社会基础上，彰显女权特色的西套装伴随着国际潮流广泛流行。

说起1980年代，笔者在研究和创作过程中感触颇深。80年代国内服饰的百花齐放令人感动与深思，可谓“饥渴”后的一顿“暴饮暴食”。60年代在国际市场上流行的现代主义风格、太空风貌、波普时装，70年代流行的朋克文化、乡村时尚，80年代的后现代主义风格，几乎同时在1980年代的国内市场涌现，甚至难以消化，尽管诸多设计在如今看来并不成熟，但那种对时尚文化的激进精神令人十分敬畏，这种激进的国际化探索精神所反映出来的时尚流行和民国初年“奇装异服”的混搭流行具有相似性。

90年代国潮风重燃，传统文化再次得到重视，服装的设计也没有了80年代的“用力过猛”，服装设计更注重细节、质地、国际元素，特别是中国服饰文化的国际化表达。至此，经过了一个世纪的中西摇摆后，中国时装设计的发展又有了明确的方向。

从20世纪中国时尚流行知识普及的角度，本书以时装插画的形式对近六十个流行要点进行了梳理。时装插画源于近代时尚杂志的发行，即始于1759年英国《女士杂志》(*THE LADY*)、1867年美国《时尚芭莎》(*HAPPERS BAZAAR*)、1892年美国*VOGUE*等欧美报纸杂志，因此，时装插画自诞生之日起就有着鲜明的西方艺术创作血液，在各时期均呈现不同风格特色的写实绘画。19世纪的时装插画体现人物的立体感、服装的真实感；20世纪初，时装插画在装饰艺术运动的影响下呈现出具有写实特色的几何感；第二次世界大战经济复苏后，时装插画注重构成艺术带来的形式感与人体美；至今，时装插画依旧以写实创作和适当的形体夸张为原则，表现服装的结构美、色彩美、形式美等。中国时装插画源于20世纪初创刊的《玲珑》，以白描的手法为主，并结合了*VOGUE*杂志中的装饰艺术绘图理念。但中国时装插画的创作自第二次世界大战终止，再次登上历史舞台即以完全西化的形式呈现。因此，中国的时装画的发展和创作有长时间的空缺，并缺少中国范式，脱离了中国传统美学倡导的意境美、意象美，及中国画的内涵美、形式美。

基于上述现象，本书中的时装插画创作有别于时装画传统的西方审美范式，而是采用中国画手法与水彩画技法相结合的形式，尝试塑造时装插画的中国范式。希望中国设计能以中国时尚插画的形式做出新的解读。

幸　雪

2021年9月

目录

CONTENTS

1940 — 1950 年拙朴艺术

1900 — 1920 年

袍装新韵

在立裁技术、染色工艺、现代设计思潮的影响下，清末民初的服饰呈现出“袍而不旗”的风貌，宽衣大袖逐渐被窄小衣袖取代，衣领由无领造型转变为高至鼻尖的元宝领，服饰设色趋于素雅清新。“袍装新韵”代表着清末民初的国民对西方时尚的向往，透露出迫切希望融入世界文明的积极心态，甚至呈现出极不符合传统形式美的混搭奇装。然而，恰是这种大刀阔斧的服饰创新改良，为20世纪中国时尚的探索之路奠定了激进、开放、融合而又眷恋传统的风格与基调。

素雅设色

清末民初，服饰配色清新雅致、和谐统一而又变化丰富，根据《申报》《玲珑》《家庭》《妇女杂志》中对服饰色彩的描绘，混合色系在服饰搭配的术语中使用最多，设色因素逐渐由等级礼教转变为人性需求、市场趋势，因此，色彩之“正”的概念不复存在，一些复合色彩更能激发市场活力，如藕荷色、粉红色、月牙色、米黄色、湖色、妃色、茶色等极具女性性别特色的色彩；即使在看似雷同的黑色系中，也有“乌黑”与“精元”之分，或是深青色、长青色，深黑色、深灰黑色，再者便是用“纯”字进行区分。虽然复合色系千变万化，但其使用依旧具有潜移默化的规则，上装中常见黑白二色，外套中黑色系占比三成有余；下装中白色系最为普遍，其次为灰色系；连衣裙中常见黑白二色搭配极具对比感的金色、红色。由此可见，民国初期的服饰设色不再体现权贵符号，转而变得朴实大方、淡雅清新。服饰设色的嬗变具有以下原因：

（1）近代唯物美学的价值观：晚清至民国初期，中国传统美学向现代美学转型，表现出对自然的极大崇敬，追求“所造之境，必合乎自然”，以“情景交融”为美学追求，创作出具有写实设色特色的纺织服饰品。

（2）进口染料及染色技术的提升：通过对比清代已有绣线色彩与英法德进口染料色彩，可以发现新增色彩名八十余种，在清代基础上增色多见于橙、黄、绿、蓝色系，如洋雪青、盐基淡黄、孔雀石绿。

（3）海外新艺术运动的影响：19世纪末至20世纪初，工艺美术运动在欧洲盛行，在法国表现出以植物纹为主要图案，追求平和的韵律与节奏感，突出唯美主义色彩的特色。

（4）设计伦理的解放：民国时期，建立在“礼”制下的设计思路遭到瓦解，色彩的设计由遵循阶级性规则转变为适应个性与民主的需要，色彩流行的传播由制度性的传播转变为非制度性的混合式传播。

《清末民初的编发贵族》

灰彩色系刺绣女装

《豆蔻之年》

玄色袄袍

元宝领

元宝领造型夸张高耸，能够竖立起来遮住半边脸，由于领衬很硬，故能高达4~5寸（1寸约为3.33厘米），部分元宝领高达6~7寸，几乎抵达鼻尖处，由于这一领型正面看起来类似元宝，故被称为“元宝领”。高耸的领型加之合适的倾斜角度，可以修饰脸型，因此元宝领在清末民初受到了极大的欢迎。

元宝领的设计理念源于西方护脖领的设计，采用西式衬衫的工艺制作手法。元宝领曾风靡一时，从根本上而言，它是传统服饰的造型创新，迎合了以瘦为美的时代审美特色，但夸张的造型华而不实，故可称为旗袍革新中的一抹亮色而无法称为经典。此外，元宝领后期在妓女服饰中广泛使用，这也加速了元宝领在普罗大众中的消亡。

《游戏》

元宝领冬季棉服

《异装乐趣》
元宝领A型袍服与木耳花边裙混搭

直身窄袖

张爱玲在《更衣记》中写过女性流行装束的整体形象："袄子套在人身上像刀鞘""长袄的直线延至膝盖为止，下面虚飘飘垂下两条窄窄的裤管，铅笔一般瘦的裤脚"。这种直身窄袖的造型正是民国初期流行的造型，让宽衣大袍的风貌走向另一个极端。直身窄袖的流行可谓是历史必然，首先，这种造型符合晚清服饰简化的特征，袖口、裤脚口也相应缩短，呈现出更为简约的风貌；其次，能适应经济萎靡的生活现状，改宽衣大袍为适体服装，以减少服装用料的浪费；最后，清末职业妇女逐渐增加，宽衣大袍无法适应日常工作的劳作需求。

《闲趣》
袖口收紧的长款旗袍

《影楼留念》

A型直身长袄搭配小裤脚长裤

1920—1930年

西方幻想

1920年代，国民对西方文化怀有猎奇心态，受此影响，洋装涌现。此时，不仅出现了中西合璧的改良服饰，洋装的“拿来主义”甚至搬移至服饰制度中。《民国服制》中规定：“男子礼服分为大礼服、党礼服2种。其中大礼服分书用、夜用2种：书用大礼服为西式大氅式；夜用大礼服类似燕尾服，但后摆呈圆形，裤用西式长裤。”由此可见，洋装在当时已占据至高的社会地位，为身份、品位、文化的象征。在西方服饰文化的浸润下，1920年代的服装样式如同1980年代一样“百花齐放”，既有眷恋传统的云肩式旗袍，也有完全西化的女士西装三件套。这一时期也成就了近代女装的三种经典服饰（暖袍、旗袍马甲、倒大袖）以及男装的三种服饰（长衫、对襟马褂、西式正装）。因此，在整个民国时期中，1920年代也是最具创作火花和时尚贡献的年代。

云肩旗袍

云肩旗袍可谓是近代旗袍演化过程中的历史底片，旗袍的裁剪已采用结构分割的方式，更为立体合身，但依旧使用具有传统服饰特色的云肩作为装饰。云肩分为有立领和无立领两种，有立领的云肩通常和修身旗袍合二为一，而无领云肩通常使用于宽松风格的旗袍上。云肩旗袍作为近代旗袍的开山鼻祖之一，体现出西风东渐中的渐进之美。

无领云肩式旗袍

《倚靠》

《莲花故事》
云肩一体化旗袍

旗袍马甲

旗袍马甲是近代旗袍的雏形。从《良友》杂志的记录来看，旗袍马甲产生于1926年，风靡于1927年，旗袍马甲最初为具有旗袍特色的一种长款马甲，长及脚踝，多直筒造型，有大襟、对襟、琵琶襟样式，分单衣和夹棉两种品类，多用绸缎材质，女子将这样的马甲穿在倒大袖旗袍外，代长裙使用，后上海女性将旗袍与马甲作为假两件的式样合二为一，领、襟、摆等部位做镶绲装饰。

旗袍马甲的流行是近代旗袍形制形成过程中的过渡之笔，是女性服饰从完全遮体的宽大衣袍向体现自然曲线之美转变的中转样式。

《三姐妹》

「二合一」式旗袍马甲

《申城新贵》

高立领的玄色旗袍马甲

文明新装

“文明新装”是20世纪20年代女学生群体呼吁返璞归真而率先变革的服饰装扮，它一改传统袄裙装束的长下摆、宽衣身、重色彩及烦琐装饰，使其呈现出相对较短的下摆、窄小的衣身、素雅的色彩及简约的风格。根据《中国旗袍》一书中的记录，“文明新装”上衣为“腰身窄小的大襟长袄，摆长不过臀，袖短露肘或露腕呈喇叭形”，下裙“长至足踝，后来逐渐至小腿上部”。虽然整体上“文明新装”依旧是上衣下裳制，但已呈现出焕然一新的面貌。“文明新装”的流行可分为三个阶段：其一，兴起时期（1911—1919年），基本沿袭传统服制，但少有镶、绲、绣、绘等装饰，而是以白、青、蓝、黑色等素色为主；其二，全盛时期（1919—1925年），衣长缩短，体现出清新灵动的风貌；其三，衰退时期（1925—1930年），“文明新装”重现奢华之风。

“文明新装”的流行具有以下原因：

（1）西方女权主义运动及中国新文化运动的影响。国民思想意识的变革促使服饰形态产生巨变，代表新思想、新文化的现代服饰登上历史舞台。

（2）女性旗袍的影响。在学术界，“文明新装”曾与旗袍相混淆，但实质上二者是不同阶级背景的产物，然而二者在形制与装饰风格上又相互影响。

《1920年女学生》

梅花刺绣短袄的『文明新装』

《名门千金》
织锦提花上衣的『文明新装』

棉质材料的『文明新装』
〈同窗〉

短衣宽裤

宽裤在视觉上与裙装类似，裤脚口宽度可达30厘米左右。短衣宽裤的装扮由“文明新装”演化而来，由于裤装更适合日常工作、运动，因此改宽大的深色半裙为宽松裤腿的裤装，类似裙裤。此外，1920年代宽大裤脚的流行也是裤装流行周期中的自然现象，从1910年代的直筒裤，到1920年代的大脚裤，再到中华人民共和国成立后的直筒裤，改革开放后的喇叭裤，裤型的流行和裤脚口宽度密切相关，并呈现抛物线式的流行周期。

礼服中的宽裤
《好莱坞旧梦》

《下渔舟》

黑色棉质宽裤

倒大袖

倒大袖上衣是20世纪20年代女装的标志性符号。倒大袖女装由“文明新装”演变而来，在窄小腰身、大襟、宽大袖口的基础上，上衣下摆上延至腰部，并呈半圆弧形，袖长缩短至手肘处，袖口阔至7~8寸。相对于“文明新装”，倒大袖更具女性魅力，它能优化身形比例，使身形显得轻快、美观。倒大袖服装采用中国传统的平面剪裁技术，衣身内部无任何结构性分割，衣身与袖相连，借用传统服装宽博大袖的形制，将袖口的结构造型随腋下点位以急促的方式形成大弧度曲线，构成喇叭袖形态。此外，上袖口与下袖口之间的连线、肩斜角度与民国女性的溜肩相协调，进而形成上半身正三角的廓型特征，给人沉稳、端正的视觉感受。

《垂髫小女》

倒大袖刺绣长款旗袍

《海上苗韵》
倒大袖银饰花边旗袍

《河畔》
倒大袖玄色镶边旗袍

暖袍

暖袍与旗袍马甲、倒大袖可谓20年代女性服饰流行的三大范式。暖袍产生于上海，最初为效仿男子的袍服而产生，以藏青色、灰色居多。暖袍呈宽大的A型，袖口大而衣身小，无开衩，衣袖不镶不绲，与近代旗袍式样有明显差异；此外，暖袍主要于秋冬季穿着，使用夹棉工艺，下多配裤装。暖袍的产生一方面是女权运动推动的结果，女权运动促使女装效仿男装现象产生；另一方面，暖袍流行的本质原因在于御寒需求，女性的上衣与裙装皆不适合冬季穿着，而暖袍则适合，并替代了“一口钟”造型的冬季斗篷。

《清故督长女》
倒大袖式刺绣暖袍

《穿暖袍的少女》
团花提花暖袍

玄色摩登

玄色泛指偏暖的黑色，在民国初期极为流行，常见玄色马甲、玄色裤裙。玄色常用于服装的搭配中，甚至成为女性服饰中必不可少的搭配色。《民国服制》中将黑色定为礼服用色；《良友》杂志中刊登了家常服装的范式：一身花色袄裤，罩玄色小马甲，飘逸有致。

《闻香》

玄色马甲搭配项链、花簇等装饰

《穿常服的小妇人》
花色袄裤配玄色马甲

《花下留念》
玄色马甲搭配五分裤与百褶裙

短发

剪发运动始于四川地区，并在沿海城市流行。1921年7月8日，北洋政府四川督军刘存厚的成都警厅发布了一条《严禁妇女再剪发》告示通令："近日妇女每多剪发齐眉，并梳拿破仑、华盛顿等头式，实属有伤风俗，应予以禁止，以挽颓风"。由此可见，20世纪20年代的短发之风已十分轰动。尽管短发流行的早期北洋政府强行禁止，但新女性剪短发已是西风东渐的自然结果。短发造型分为：小圆头式、齐耳短发式、齐肩短发式。1921年后，剪发的女子不仅在成都、重庆日益增多，在泸州、自贡、宜宾、达县等地也能看到不少剪发的新女性。短发的流行从根本上而言是历史发展的必然，是女性思想解放发展到一定阶段的现象，除此之外，其流行也离不开五四运动的影响和《国民公报》等媒体的肯定性传播。

《名媛》
高刘海齐耳短发

女着男装

1928年3月，《北洋画报》上刊登了著名艺人孟小冬的西装扮相：绅士礼帽、西式正装，搭配领带、白衬衫，眼神优雅而从容，掀起了“女绅士”之风。与短发流行的契机相似，女着男装的潮流受女性思想解放运动的影响而登上近代历史舞台。女着男装属于女性知识分子、社交名媛的时髦装扮，代表人物有孟小冬、吴继兰、薛艳琴等。女着男装的服饰搭配有中西之分，部分女性喜欢中式打扮，效仿男士戴礼帽、穿长衫；部分女性青睐于洋装，穿西装、马甲、衬衫、裤装，戴眼镜。

《行走的女绅士》
女着男装的中式装扮

女学生着男士校服
《大女生》

长袍马褂

长袍，即为大襟右衽、平袖端、左右开裾的直身式袍；马褂，即为对襟、平袖端、身长至腰，前襟盘扣五枚的服装。民国时期的长袍马褂色彩素雅，保留部分具有吉祥寓意的传统纹样，而表现权贵等级的纹样一概摈弃。《近代中国男装实录》中写道：“在民间沿用了三百年的满族风格为主的服式，被迅速地改变和扬弃，其中一些基本性质和结构被低调地留存”，而袍褂正是对历史低调的延续与创新，作为男士正装而存在。即便《民国服制》的颁布，也没有影响长袍马褂在官员、知识分子、富甲商户中的服饰地位。

民国男装的审美与古典时期截然不同，秉持“简、敛、肃”，工艺化繁为简，色彩深沉典雅，具有严肃、庄重的风格特色，袍褂即是在这一时期审美理念下的时代创新，既保留了国民对传统文化的眷恋，也体现了现代设计的雏形。

小元宝领式对襟马褂
《叶先生》

《新青年》
内长袍外马褂的礼服范式

西式服装

20世纪20年代，西装与衬衫在男装中的流行经历了由政策约束至自由穿着的过程。民国西式正装分为衬衫、马甲、西装外套、领带、西裤、皮鞋六件单品，其中，衬衫领与旗袍领型的工艺、形态相呼应，内粘硬衬，领座较高，多采用法式衬衫领，气质高贵典雅。西式正装在《民国服制》中被指定为中华民族的法定礼仪服装，即正装。此时的红帮服饰产业也自宁波、上海向全国辐射，红帮裁缝结合中西文化差异、形体差异，凭借褶裥、省道、口袋、门襟等结构改良，在英式、意大利式、法式西装的基础上推出了符合东亚男士身形的样板、工艺，让男装更具科学性、功能性。红帮服饰的产生为西式正装的流行铺垫了物质基础。

《暮年星光》

内着西式衬衫的女装范式

男士礼服
《公馆旧忆》

礼帽

礼帽可分为大礼帽和小礼帽，多由羊毛擀压成毛毡，再盔烫成帽。除羊毛外，另有皮革、混纺毛呢、兔绒、条绒等材质。礼帽原属于西方礼服中的单品，作为国民提高自身时髦度的有力武器，在民国男装中用于东西风格混搭，反映出国民既热爱传统文化又对西方现代文化深深向往的情怀。礼帽搭配长袍马褂、西装、大衣、民族服饰的现象随处可见，更有时尚人士搭配手杖、手套，塑造沉稳儒雅的绅士形象。

《陈冷先生》
礼帽搭配西式正装

《蒙古族委员》
民族服饰与礼帽

东方洋装

与男士西装相同，女士洋装也在沿海地区广泛流行，小部分洋装直接采用“拿来主义”，大部分洋装则搭配传统元素混合设计，形成别具风格的东方时尚。根据《良友》杂志的图绘及照片，云纹在洋装款式上大量使用，既有大面积提花，也有小面积的定位刺绣，配合褶裥、抽褶、波浪形等具有立裁特色的造型元素，颇有保罗·波烈塑造的东方时尚韵味。

《东方醉梦》

云纹洋装连衣裙

珍珠项链

珍珠项链和旗袍好似民国时尚界的孪生姐妹，优雅端庄而不浮夸。更有电影《一串珍珠》讲述了东方版莫泊桑的项链故事，在当时广泛传播。珍珠项链的流行与欧洲设计师保罗·波烈塑造的东方女性形象有一定渊源：短发、戴帽、柳叶眉、低腰身、多层环绕的珍珠项链，这一佩戴形式也深刻影响了上海女性，成为珍珠项链的经典造型。

多层环绕的珍珠项链
《彼岸之星》

《一串珍珠》

珍珠项链搭配倒大袖旗袍

1930 — 1940年

民族设计

1930年代的时尚设计日趋成熟，有着东方巴黎称号的上海与国际时尚潮流东西呼应，成就了今日服饰学界眷恋而敬畏的“海派风貌”。1930年代的设计没有过多中西风格混搭的“奇装异服”，设计师们对中西交融视域下的图案设计、款式设计也有了更为深刻的理解，如果20年代属于创新设计的大爆发，30年代则是立足于国粹文化、民族资本的新思考。因此，1930年代没有过多浮夸的设计，服装款式、工艺相比20年代更加简约，但设计风格和设计亮点极为突出。

女装方面，1930年代西方国家女装普遍偏长，以长度及地的款式为主，斜裁与优雅成为代名词，突出女性天然曲线的复古设计再次流行。1930年代的旗袍设计与国际时尚同频共振而又独具个性。首先，旗袍的长度增加至脚踝，倒大袖的款式逐渐衰退，以窄袖、窄腰为特色的修身款式成为主流，搭配具有装饰艺术风格的几何图案，奠定了当下对旗袍的基本印象。

男装方面，1929年，国民政府颁发了新的《民国服制条例》，其中规定礼服搭配有两个范式，一是褂式，即平顶帽搭配对襟平领的褂服，裤装不限制；二是袍式，即斜襟右掩长袍，搭配软毡帽。此外，新《民国服制条例》将中山装定为公务员制服。由此可见，尽管西装的使用已较为常见，且日趋增多，但正式礼服不再盲目追寻西化之风，中国设计成为更有力的语言，民族文化得到充分重视。

百褶裙

百褶裙虽不是民国时期的产物，但在20世纪30年代作为学生校服而广为普及。民国百褶裙过膝，以黑白色为主，无图案装饰，至今仍然能见到百褶裙作为制式校服的配套单品。百褶裙的校服式样与政策规定密不可分，《青岛市各级政府学校学生服装暂行条例》中规定：中学女生之制服，上衣款式类似于T恤，百褶裙长过膝二寸；夏季制服上衣用布质，裙用棉质，衣为白色，裙黑色。而北平中学中也有学生夏季着白衬衫配白色百褶裙，贵族院校中上衣有蕾丝、金属装饰。由此可见，30年代学生群体的着装以衬衫配百褶裙为主要范式，而其中的装饰特色、设色方式在素雅端庄的基调下不限设计。

《女中》

三排扣立领旗袍短袄配黑色百褶裙

植物纹样

受到西方新艺术运动的影响，1930年代的旗袍大量涌现出具有流畅曲线的植物纹样，以植物旋涡纹为代表。植物旋涡纹呈现出灵动、随意、飘逸的唯美风格，突破了传统图案范式的完整、饱满、对称，搭配清雅和谐的色彩，呈现出疏密有致、形式多样、浪漫飘逸的视觉风格。除植物旋涡纹外，藤蔓花卉纹、具有清新特色的根须纹、珊瑚虫纹、百合花纹、兰科植物纹也常被使用，图案风格唯美流畅，深得中产家庭女性喜爱。

《依依小姐》

花卉与枝叶定位组合刺绣

《新品拍摄》

各类花卉纹样满地印花

抽象纹样

1930年代的旗袍抽象纹样追求机械美学的视觉冲击力和韵律感，常见几何扇形、菱形、折线形的连续图案，并搭配奔放艳丽的色彩以达到炫目的效果，这种高调的设计风格与20年代追求的素雅之风截然不同。在装饰艺术的风潮下，部分旗袍花卉图案使用直线形，闪电纹成为流行焦点，传统图形隐藏在具有立体空间的结构图案中，图案的形式美、韵律美高于其本身的内涵意义。

叶状点阵图案旗袍

《亥时的沉思》

《宅院前的台湾女青年》
菱形视幻风格图案旗袍

《女模特》
双色几何印花旗袍

梯形正负连续几何纹样旗袍

《小憩的女艺人》

《香港旧忆》
折线图案旗袍

蕾丝面料

蕾丝旗袍的流行受到法国时尚的影响，中法通商贸易后，抽纱工艺流入沿海地区，为我国纺织品的设计提供了新意，并广泛应用于旗袍面料中。蕾丝面料分为机织蕾丝、针织蕾丝、刺绣蕾丝、编钩蕾丝、空花蕾丝等种类，具有轻盈、透薄的特点，受到女性消费者喜爱，以淡雅灰色系或单色为主。此外，蕾丝也作为花边使用，用于领、襟、袖口、下摆。“旗袍花边运动”的传播让20世纪30年代初的蕾丝花边风靡至极，从产业规模看，30年代上海花边制造从业者有千余人，可见其流行力度之强。

《夜来香》满身蕾丝旗袍

《夜归人》
双襟蕾丝花边旗袍

《上海妇人》
抽纱蕾丝花边旗袍

精致盘扣

20世纪30年代的旗袍式样总体而言较20年代有所简化，盘扣随之成为画龙点睛之笔，取代了镶、绲、嵌等传统工艺。盘扣形式多样，从形态上而言，包括几何形、花卉形、动物形；从组合上而言，包括异质式、多排式。多排式配合高立领旗袍使用，分为三排式、四排式，有一字盘扣组合，也有花式盘扣的组合。特殊材料的组合应用是30年代盘扣的一大特色，在盘花工艺的基础上，添加木质纽扣、金属装饰、各色珠宝等非服用元素。

《影上芳华》
三排式盘扣及异质装饰

《双生》
花式盘扣

异装旗袍

随着对西方时尚文化的深入理解，“唯以新奇相尚”的现象在20世纪30年代得到缓解，但并不表示中西混搭在此消亡，而是混搭设计在30年代逐渐成熟，典型的代表就是中西合璧的礼服。新式礼服在近代旗袍的基础上，增添西式的时装结构，如蝴蝶结、褶裥，显得和谐统一而不累赘另类，整身设计突出核心设计要素、节奏有序。

《哥伦比亚大学留学生》
褶裥旗袍

港式旗袍礼服

《皇后大道之畔》

人造丝提花

随着民族资本主义工商业、现代设计的兴起，服装面料从土丝逐渐演变为人造丝，如乔其纱、双绉、电力纺、斜纹绸等新品。人造丝的使用为图案设计、织物质感带来更多的可能性。一方面，人造丝的光泽更为多样，包括有光泽、弱光泽、无光泽；另一方面，人造丝与真丝具有不同的反光效果，交织可产生丰富的光泽变化。因此，人造丝提花比传统提花有更多的设计空间，克利缎、花丝纶、双面缎、留香缎、雁翎绉、芬芳绉等提花织物在世界范围内流行。

《女外交官》
蝴蝶纹提花旗袍

《南国影后》
传统云纹提花

土布风尚

土布即手织布，具有坚实耐用、透气舒适的特征，是我国传统的棉纺织品，也是在大众服饰消费中广泛使用的面料。自1840年鸦片战争爆发后，洋布、洋纱大量涌进，土布市场逐渐萎靡，1930年代国货运动的爆发让土布重占市场，1934年“妇女国货年”将穿着国货视为高贵和光荣的事情，讽刺“摩登女郎”的崇洋形象。

土布分为白布、色织布、染色布、印花布等，以灰彩色系的点阵、格纹、条纹最为常见。光绪《周庄镇志》曾记载：“棋子布，白棉纱间以青棉纱织作小方块或棋盘纹。雪里青布，以青白棉纱逐一相间织成者。又名芦菲、柳条者，皆青白相间成纹。”这一朴实简单的纹样样式在1930年代成为摩登生活的国风范式。

《冥想》
条纹土布旗袍

《良友女郎》
色织布格纹旗袍

泳衣

泳衣于20世纪20年代传入中国，30年代在《良友》《时尚画报》等杂志的推动下发展成为热门时尚运动装，配文曰："上海小姐也染上好莱坞风气，以褐色皮肤为美，穿上一件露背游泳衣坐于高桥海边。"20年代的泳衣款式单一，基本上为澳大利亚游泳运动员安妮特·凯勒曼（Annette Kellerman）的泳衣样式，即单色、连体、紧身，露出手臂、腿和颈。30年代的泳衣总体分为连体式、分体式，但款式细节上呈现出大胆的创新，肩带比20年代末更细，露出双臂，裙摆提高，也有平角裤、三角裤的样式出现，以大露背、腰部镂空为时尚；图案上，以素色和条纹为主。1933年后，每年都会有新的泳衣流行主题推出。

《泳衣拍摄》
宽肩带条纹连衣裙泳衣

细肩带黑色三角裤连体泳衣

《黄浦江畔》

波点分体式平角裤泳衣

《乘凉》

1940—1950年

拙朴艺术

1940年代第二次世界大战进入第二阶段，战争促使服装用度缩减，参与生产、投入工作的新女性成为时代标签。女装设计从富有视觉形式美的摩登时代转为富有精神美的战火时代。一方面，1940年代的旗袍不再具有机械美，而重拾自由奔放之美，隐喻自由精神的野兽派印花图案深受喜爱，国际时尚元素的本土化也进一步深入；另一方面，代表现代生活方式的大衣、衬衫、工装成为新女性的首选，《良友》杂志上常见穿着工装制服、素面朝天、容光焕发的年轻女性。尽管战争给1940年代带来无数的创伤，但艺术生活依旧是硝烟中的心头蔷薇，中产阶层的服饰并没有因生产受限而索然无味，拙朴、低调、内涵、实用成为这个时代的时尚代名词。

超长外套

战争的发酵促使经济衰退，怀旧的、浪漫的、富有女性特色的时尚元素再次风靡，长款服装保持流行。因此，1940年代的服饰延续了1930年流行的长度，裙长多靠近脚踝。此外，在现代时装风格的影响下，西式大衣逐步流行，并同样以超长风格呈现。中产阶层女性在秋冬季大多外穿毛呢大衣，内穿及地旗袍，部分富贵家庭女性穿着皮草大衣，色彩上常见驼色、深咖色，这类暖色不仅是大衣的经典色，也为战火时代的人们带来心灵上的慰藉。纵观20世纪的时尚流行史，驼色、咖色、军绿色也总伴随经济的低迷而流行。

《姐妹俩》
及地旗袍搭配毛呢大衣

衬衫连衣裙

1940年代的时尚达人推崇节俭之美，衬衫连衣裙保持了女性的优美，其服装工艺也较传统服饰简单。衬衫连衣裙的廓型设计取代繁复的装饰设计，X造型搭配深色腰带突出女性的身材曲线，加之V领的成熟与浪漫，低调地展现了职业女性在战时“时尚不灭”的生活姿态。

《生日留念》

多排扣连衣裙

《上班族》
色织布连衣裙

褶裥时装连衣裙

《花椿拍摄》

大洋和式纹样

1940年代的旗袍图案多受到日本图案风格的影响，被称为“和式纹样”，源于日本“友禅染”。友禅纹样中具象纹样与意向纹样同时并存，常见西海波、镰仓纹、龟甲纹等，受中国文化影响，又见七宝纹、八仙纹、牡丹纹等，但扇纹、云纹、大洋花纹占比最大；此外，和式纹样注重花卉与几何图形的组合，具有强烈的装饰效果。

《广告牌》
橙黄地大洋和式纹样旗袍

《化妆台前》
几何形融入的大洋和式纹样旗袍

杜菲风格纹样

劳尔·杜菲（Raoul Dufy）是著名野兽派艺术家，作品艳丽极具装饰效果，其图案在挂毯、壁挂、纺织品、服装上皆有应用。杜菲风格纹样摈弃了写实风格，用狂野随意、洒脱浪漫的笔法勾勒花卉。劳尔·杜菲受聘于巴黎纺织公司，其艺术风格影响了全球纺织图案的走向，也影响了中国市场，特别是在1940年代这一战火纷飞的时代，民族深受压迫，这在一定程度上促使这种极具自由精神的图案风格广泛流行。

《藤椅小憩》
杜菲风格印花旗袍

杜菲风格印花旗袍
《写生》

《家电广告拍摄》
改良折枝式纹样旗袍

折枝式纹样

1940年代西方图案的中国化并未阻止传统图案演化创新的脚步，其中折枝式纹样就是传承创新的典范。折枝式纹样即由花卉、枝叶组成独立单位，以二方连续、四方连续的形式组成完整纹样。传统折枝式纹样注重花叶支脉的整体呈现，具有写实特征，而40年代的折枝纹样变化多样，枝叶相对缩短，花头更为凸显，因而更显活泼。这一更注重花簇表现的设计方法让图案相对明艳，色块对比增强。折枝式纹样与杜菲风格纹样的流行因素类似，都反映出对光明生活的积极向往。

传统折枝式纹样旗袍

《杂志中的华侨》

丝绸印花旗袍

丝绸印花旗袍朴实而富有设计趣味，其流行一直延续到1950年代，但40年代的旗袍印花纹样受欧洲写实风格影响，花朵形态饱满、色彩明朗、风格雅致，贯穿枝叶小花簇，疏密有致、节奏有序。50年代的花卉更细密。丝绸印花工艺包括水印、浆印、拔染、防染等，其中，直接印花的传播最广、产量最高，在战时经济形势下，直接印花使用最广。

《北平街拍》
灰地折枝印花旗袍

粉红地郁金香拔染印花旗袍
《上海定制》

阴丹士林蓝

阴丹士林蓝可谓撑起1940年代女性服饰流行的半边天。阴丹士林染料由德文Indanthren音译而来，染色而成的服装面料包括丝光细布和府绸，其色彩的含蓄低调、高性价比让阴丹士林蓝成为学生阶层、普通职员、大众女性的首选，其中阴丹士林蓝棉布旗袍极为流行。此外，阴丹士林蓝的染色工艺相对便捷、色牢度好，风格清新，能适应战时需求。

《午后》
阴丹士林蓝梅花纹样旗袍

《租界的车站》

素色及点阵蓝色系旗袍

季节性色彩西装

1940年代，西式服装相较长袍马褂已在上流阶层占据绝对优势，并且服装色彩有了显著的季节性特色，白色西装在夏季广泛流行，内搭标准领白衬衫、深色领带，冬季则以烟灰色、藏青色、黑色、深咖色为主。

《政客》
中产及以上阶层夏季西装

工装衬衫

《良友》杂志将穿着工装制服的女飞行员标榜为“上海新女性形象”，催化了工装风格在国内女装市场的流行。与国际时尚流行风格相一致，1940年代国内女性工装衬衫让“女着男装”的现象再次登上历史舞台，然而与1920年代不同的是，1940年代的“女着男装”本质上产生于战争需求，工装风貌不再是追求女权与思想解放的标杆，而是满足女性投入工作与生产的切实需要。

《女青年》
上海新女性形象

1950 — 1980 年

革命浪漫

中华人民共和国成立后，国家大力复苏、发展经济，中华人民共和国成立后的服饰文化如同经济建设一样，在新的历史时期面临着重大考验，也必然少不了尝试，革命浪漫主义便是这一时期的尝试。尽管这一风格到了后期，完全摈弃了西装、旗袍和略带花哨设计的服饰，但作为20世纪全球服装史中独树一帜的服饰风格，虽单调，但热烈，体现了中国本土服饰文化探索之路中的果敢与切实精神。

散点碎花

《宿舍》白地散点碎花连衣裙

服装上碎花、点阵图案的增加寓意田园风格的流行，虽然1950年代国内尚未有田园风格的概念，但也能反映出战后经济复苏时期人们对返璞归真美好生活的渴望。1950年代散点印花衬衫连衣裙的流行是1940年代衬衫连衣裙的余音，比较而言，1950年代的连衣裙具有少女气息，花卉图案的风格由饱满明丽变为淡雅细碎，更加平和、唯美，其中，散点碎花最为常见，并搭配麻花辫、系红绳。

工农形象

民国时期以女性的纤细、柔和、优雅为美，中华人民共和国成立后由于生产复兴的需要，以强硬、力量、健康为美，劳动之美深入人心。因此，这一时期的流行风格以硬线条为主，服装大多为中性风格，而民国时期带有资产阶级色彩的“假小子”形象不复存在，精神饱满的工农形象成为主流，这促使宽松衬衫搭配劳动布裤（现俗称牛仔裤）成为日常着装的经典范式。

《戴月荷锄归》
多口袋衬衫搭配劳动布裤

《春日劳作》

红色印花短袄搭配劳动布裤

红色情结

红色成为代表人们精神信仰的一种流行色。红色属于情感热烈的色彩，不仅符合中华人民共和国成立后的奋进精神，也承载着传统文化中的吉祥寓意，更凝聚了共产主义革命历程的浓烈情感。红色在服装中作为主色、配色皆有，并在围巾、手套、帽子、头巾中大量使用，与国民饱满的精神风貌相互映衬。

《实验》
红色棉服、针织衫及红色提花夹袄

正红色围巾及头巾
《冰上健将》

机织格纹

除碎花图案外，机织格纹也占据一定市场，多见于衬衫、连衣裙。格纹形式多样，包括苏格兰格纹、餐布格纹、玻璃格纹、马德拉斯格纹等，其中简约的餐布格纹最受欢迎，部分衬衫在餐布格纹中添加其他点阵印花纹样。机织格纹流行强度高且流行周期长，能够满足广大民众的日常生活及工作需求。

《农家少女》
餐布机织格纹

菱格及马德拉斯格纹连衣裙
《采花少女》

旗袍之异

传统旗袍因为时代审美的巨变而大幅缩减，但也作为常用礼服而存在。内地和香港地区的旗袍流行截然不同，内地地区流行宽松素雅的及地旗袍样式，而香港地区流行奢华、富有光泽且极为突出女性曲线的旗袍样式。相比内地，香港时尚更加受到国际潮流的影响，与西方国家同步流行X造型，突出并夸张女性的胸腰差；而内地地区则尽可能弱化女性曲线，旗袍廓型近似H型。

内地旗袍样式

《50年代上海女青年》

港式旗袍

《雨过天晴》

军便装

军便装分为毛式中山装与建设服，两者在外观上相近，但在设计细节上略有区分。毛式中山装胸前有四口袋，皆有袋盖，且为贴袋，袋盖中心各有一扣眼，口袋可真实相扣，袖口上有三粒纽扣；而建设服为袋盖和嵌袋的组合，袋盖上有装饰性纽扣。毛式中山装与建设服在1950—1970年代几乎垄断男装式样，其中毛式中山装常用于各级领导，而建设服在各群体中皆有使用。

建设服
《二哥》

毛式中山装
《南下干部》

戎装精神

军便装用于日常生活，表现出国民强烈的保家卫国热情和民族信仰。抗美援朝既是参战将士一生不可磨灭的记忆，又是他们人生不可磨灭的高光时期。即使战争结束，国民也永远不会遗忘这段激情燃烧的岁月。戎装精神也感染着青年学生群体，身穿军便装成为1960年代青年学生的经典形象，军绿色也成为当时最时尚的色彩。

《信仰》

学生群体穿着的军便装

抗美援朝戎装
《苦菜花旧忆》

职业套装

职业套装既是代表知识分子的着装范式，也是沿海地区时尚精英的着装偏好。但在大力发展生产建设的过程中，国民对穿着品质的关注度不是很高，职业套装的工艺及设计并未完全继承民国红帮裁缝的精益求精，色彩素雅低调。

《女研究生》

平驳领灰色毛呢职业西装

外贸西式职业套装

《上海女职员》

藏蓝工服

1966—1976年，除了军装热外，蓝色工服也成为约定俗成的着装。至此，服饰中的革命浪漫主义信仰到达制高点，朴素、耐用、无性别化、去装饰化成为服饰选择的原则。信仰因素也促使国内服饰继续呈现“苏派”的特征，例如，帽子前的大红色五角星，由苏联毛帽发展而来的雷锋帽，但苏联传统军大衣前胸的横排装饰一律被取消，体现出苏联服饰的本土化转变。

《农民工》

格纹毛呢工服

《下班》
蓝色工服

1980—1990年

设计之光

改革开放后，压抑已久的服饰时尚进入百花齐放的时期。此处将1980年代的设计风格形容为“设计之光”，其“光”不仅意为光明，也意为荣耀、耀眼、活力四射。1980年代服饰创新的澎湃激进堪比1920年代，同样面临西风东渐，半个世纪后的当代社会呈现出和历史近乎相同的流行万象：服装风格上混搭、西化；服装结构上叠加、多样。但1980年代不以新奇为标杆，而以“设计之力”为标杆，甚至有些用力过猛，设计上有时具有一定的盲目性，反映出国内时装设计的方法论体系的不完善。然而正是这些当下看起来不够成熟的设计，折射出国民对于时尚生活的迫切向往，没有20世纪80年代的时尚狂想曲，便没有90年代的本土风尚。此外，相比1920年代时尚流行的平行传播，80年代的时尚万象反映了人们对50年代以来的国际设计文化的借鉴吸纳，其中可见50年代的新风尚、60年代的未来风、70年代的嬉皮士及80年代的女权风……因此，1980年代是中国时尚文化再一次转折发展的历史时刻，再一次验证了时尚流行的周期性，也预示着本土时尚的重新回归。

多样结构

20世纪80年代的服饰设计更加关注服装结构的变化，受后现代主义设计风格的影响，服装常见不对称剪裁、解构主义的尝试，呈现出服饰文化的时代剧变。与后期的时装设计不同，80年代的服装结构设计更希望肉眼可见，结构变化大刀阔斧，甚至“为了设计而设计”，而90年代的结构设计更关注细节变化。80年代“大刀阔斧”的结构设计风格是服饰文化发展长期受到压制的结果，“大胆求新”成为新的时尚价值观，而此时经济的迅速发展让未来风格、现代风格的设计得到流行，传统文化的服饰艺术在一定程度上被忽略。

《新海派掠影》
千鸟格外套与新中装外套

解构创意与层叠设计

《上海时装新秀》

对比感

1980年代的色彩搭配极具张力与对比感，与欧洲战后的时装流行风向具有相似性。波普文化的涌现促使艺术与商业结合，也深刻影响了现代及后现代服装风格的市场化，明丽大胆的撞色风格深入设计体系及时尚潮人的意识中。值得关注的是，1980年代，由于国内现代主义风格与后现代主义风格并存，《上海服饰》等时尚杂志中有极简单色与混色、撞色同时风靡的现象。此外，1980年代也是世界经济高速发展的时期，生活的日益富足让国民对未来风格更加向往，前卫风格的设计加速流行，色彩搭配随之“去传统化”，传统配色美学中的和谐、中庸、意境塑造等设计理念暂时沉寂。

《女歌星》

大面积黑白对比的毛革两用皮夹克

《水乡少女》

高饱和度彩色上衣搭配白色休闲裤

女权风格宽肩

随着世界经济的高速发展，职业女性日益增多，女权主义凭借妇女在职场工作中的突出表现，再次以高亢的呼声家喻户晓。因此，体现权利与欲望的宽肩设计成为时尚关键词，自信、知性、胆识、智慧也成为新女性的定义。宽肩设计在沿海地区广泛流行，以上海和香港最为突出。宽肩的运用不局限于西装，也包括在羊绒衫、夹克衫等休闲外套中利用垫肩塑造的肩部造型。时装表演中，更是以夸张的结构突出肩部设计。宽肩是1980年代的时尚符号，如今时尚界再次流行宽肩设计时，都会以“80年代回潮”标榜。

女权风格宽肩西装

《坏女孩》

《初秋》
垫肩羊绒衫

格纹新做

格纹作为经典元素在1980年代持续流行，但区别于1950—1970年代，经典格纹以新的裁剪方式和趣味化的创新设计呈现，例如斜裁的格纹波浪裙、棋盘格休闲套装。在1980年代，格纹的设计被赋予了文化内涵，具有主题性、季节性，这种依据时代文化而进行“经典翻新”的设计思路至今仍在延续。

《新品试衣》
双色格纹提花套装

《旅拍》

斜裁格纹波浪裙

夜生活主题

以亮片绣、珠绣设计为代表的夜礼服设计自1930年后再次流行，但20世纪80年代的亮片绣更多应用在日常生活服饰上，如亮片绣的抽样几何纹小衫、透薄外套。此外，喇叭裤、花裙子是夜生活主题的代表性设计之一，体现了80年代的人们对小资生活的构想。

夜生活主题的流行实则为70年代国际时尚逆流行现象，80年代国际潮流以简约、女权标榜，70年代流行具有颓废装饰效果的朋克风格、嬉皮风格，而迪斯科风格作为嬉皮风格里的细分风格，热衷于亮片、民族印花、喇叭裤的使用。因此，夜生活主题在我国1980年代的逆流行，也可理解为对70年代国际服饰文化的“补习”。

《女设计师》
乔其纱珠片绣外套

真丝绣花夜礼服

《日间歌舞》

艺术印花

1980年代的艺术印花风格多样，包括野兽派风格、波普风格、东方风格、抽象风格等。艺术印花的广泛流行依赖于数码印花技术、热转移技术的应用，数字化的印花技术提高了生产效率，也为图案设计提供了更多的可能性。

《人像速写》

人像定位热转移艺术印花衬衫

《1988年姐妹花》
数码艺术印花连衣裙

中性女装

20世纪80年代中性风格多表现于牛仔女装、皮革女装中，款式多为“男装女版”。与往年“女着男装”不同，80年代中性女装具有浓郁的嬉皮风格，例如扎染衬衫搭配牛仔套装，牛仔裤搭配民族刺绣宽肩夹克，演绎具有颓废风格的形象。这是70年代与80年代国际时尚流行混合交织所致，也是国际时尚市场中的一抹亮色。

《男朋友风》

牛仔裤、羊毛衫与皮夹克

《嬉皮士》
牛仔套装与扎染衬衫

1990 — 2000年

文化质感

时尚设计的重点由1980年代的“重款式”发展至1990年代的“重材质”，90年代的时装更注重细节设计，不仅包括款式细节，也包括面料质地、品类细分、内涵表述。“文化塑造”成为这一时期的关键词，时装品牌设计的概念在这一时期投入实践，促使设计从表征创新趋于价值创造，本土时尚风格初露头角。

事实上，文化质感不仅包括中国传统服饰文化的时尚表达，从广义的角度而言，也包括一切体现人文情感设计要领的展示，其内容既包括以人为本的设计伦理，也涵盖整个生态圈的设计系统，此时可持续时尚设计的风潮初见端倪。如渗透人文关怀的情感性怀旧设计，具有大众都市文化的休闲设计，具有时尚职场风范的通勤时装设计，体现度假乐趣的民族设计，包罗国学文化的新中装和民国风设计……无数的优秀设计都体现出以文化可持续为核心的设计思路，服装设计不再是服装本身，而是依靠“未来生活圈”的生活方式展开，预示着中国时尚设计即将进入新的里程。

编织毛衫

20世纪80年代末，宽松的马海毛编织毛衫在国际市场上流行，暗喻着90年代针织潮流的到来。90年代毛衫的主要材料是棉绳线，其次是以腈纶为代表的化学纤维纱线。款式与搭配上，一方面，高腰钩针马甲与衬衫的错落式搭配是文艺青年的不二选择；另一方面，80年代的超大廓型继续流行，但更注重慵懒感、随性感的塑造而非女权精神的体现。因此，90年代的编织毛衫多作为外搭款式而存在，也是整身服饰中的核心单品，这种搭配方式也决定了毛衫设计注重工艺与花型的特色。

罗纹绞花毛衫

《田园新解》

《仲夏游街》
钩花背心

《街舞》
民族风提花图案的超大风貌毛衫

超短风貌

1990年代裙长、衣长、裤长进一步缩短，吊带衫、超短裤、超短裙成为街头潮人的标志性装扮。很多时尚报道将这一性感休闲风归功于大众文化的传播，而本质上“超短风貌”是市场经济繁荣发展的产物，即经济的繁荣程度与服装长度成反比。历史上每遇经济衰退时，女性化的复古设计就容易流行；而经济迅猛发展时，简约、现代、超短风貌容易流行。从服饰心理的角度分析，生活富足时人们更乐于对未来世界展开构想，而生活物资紧缺时人们更容易追忆往昔。

《海边》
吊带衫与牛仔裤

《综艺节目》
吊带衫与豹纹吊带连衣裙

温情手工

编织工艺在20世纪90年代发展为一项流行的DIY活动，《女性杂志》《女性周刊》《人民朋友》《良好的家务》等女性杂志中常见针织产品的工艺图，甚至知名时尚杂志*ELLE*中也报道了针织工艺相关内容。由此可见，手工编织工艺不仅是时尚流行的表征，也是一种时尚行为。手工编织注重人文情感的体现，因此在“行为流行”的背景下，做旧风格逐渐流行，强调手工感、温暖感，例如线头的裸露以及粗棒针的使用，“妈妈的手工毛衫”成为一种时尚风格，“拙”之美伴随着手织毛衫的仪式感而令人向往。

《回眸》手织桶包

《校园日记》

手织帽、书写手套

商务休闲

商务休闲风格即通勤风格，没有正装对工艺、形制的严谨要求，但具备正装设计的基本元素，并通过色彩、面料、图案的矛盾性组合，形成能够适应多种场合的服饰风格。商务休闲风格服饰的出现反映出服装设计师对细分市场和消费需求的深入挖掘。由于商务休闲风格广阔的包容性和市场刚需性，其流行持续升温，当下又引申出“轻熟女”风格。

《文艺女青年》

具有田园特色的商务风

《短发女郎》
POLO式衬衫搭配休闲西裤

《维格娜丝新款》
浓艳色彩的商务套装

团花针织衫配民族风丝巾

《周末》

民族艺术

少数民族艺术、服饰风格在20世纪90年代得到突飞猛进的发展，民族艺术元素在成衣设计中屡见不鲜，如蓝印花布连衣裙、衬衫，乡村风格拼布构成的包袋配饰，民族图案的饰边设计。民族艺术风格的设计在度假系列服装中应用极广，促进了服饰与旅游融合的新型业态的产生。

民族元素拼接夹克

《九色鹿》

《礼堂幕后》
博古纹针织衫

民族风度假衬衫
《半导体之音》

民国热

对民国热的研究在20世纪90年代初见端倪，尤其表现出对1927—1937年摩登生活的猎奇。在这一背景下，旗袍结合时装进一步改良，中山装、民国校服结合皮革、牛仔等面料进行结构优化，新中式服装成为服装设计创新与探索的焦点。此外，老一辈的社会精英在经济复苏的年代重拾精致生活的态度，在经历了80年代夸张多变的结构设计后，经久不衰的经典款式回归流行。

现代蕾丝刺绣旗袍
《女嘉宾》

《红光港机厂厂长岑仲伏先生》

中山装配双排扣长款大衣

对襟新中装

对襟新中装的流行因“民国热”的流行而兴起，折射出20世纪90年代末时尚人士对“文人古着”的热衷。但是，对襟款式的中装不再采用平裁的结构，而更注重民国袍褂的表征体现，即一字盘扣、圆角立领、对襟元素。盘扣数量遵循西式正装的设计规则，男单女双。面料以丝绸、织锦缎为主，纹样多见传统吉祥团纹和自然山水。品类上常见对襟A型马甲、对襟修身西装、对襟毛呢外套、对襟直筒连衣裙等。

对襟新中装的流行是21世纪初“新唐装”流行的前奏，也是民族文化自信心的充分体现，更是中国传统文化历经沧桑巨变后向世界的再次宣示。

《江山诗画与新装》

千里江山图印花的对襟马甲

双龙刺绣对襟新中装
《流行歌手》

参考文献

[1] 龚建培.旗袍艺术——多维文化视域下的近代旗袍及面料研究[M].北京：中国纺织出版社有限公司，2020.

[2] 张黎.设计史的写法探析：物质文化与新文化史——以晚清民国为例[J]. 南京艺术学院学报(美术与设计)，2016(3):18-23.

[3] 复旦大学历史学系. 新文化史与中国近代史研究[M].上海：上海古籍出版社，2009.

[4] 梁文倩，王燕，杨小明.基于1926—1929年《良友》画报中旗袍的款式和设计分析[J]. 丝绸，2020, 57 (11):106-113.

[5] 袁仄，胡月.民国易服，“拿来”洋装[N].光明日报，2011-04-21.

[6] 赵立，刘瑞璞.民国初年颁布的《服制》考论[J]. 服饰导刊，2016, 5(4):25-31.

[7] 陈建辉.民国元年和十八年"国服"制度之研究[J].美术观察，2006(11):2.

[8] 袁宣萍.近代服装变革与丝绸品种创新[J].丝绸，2001, 8:39-41.

[9] 刘瑜.民国“文明新装”及其与改良旗袍的流行更替研究[J].装饰，2020, 321(1):82-85.

[10] 包铭新，柳韵.民国传统女装刺绣研究[J].浙江纺织服装职业技术学院学报，2010, 9(1):44-44.

[11] 刘水，洪安娜，张竞琼.近代女子校服特色及对女性主义的影响[J].装饰，2014, 256(8):102-104.

[12] 龚建培.民国丝绸印花品种及工艺技术发展概述——以传世旗袍织物为中心的研究[J]. 丝绸，2020, 57(3):9.

[13] 冒绮.民国时期盘扣的造型艺术及流行变迁[J]. 丝绸，2021, 58(5):94-100.

[14] 李甍，崔启萌. 民国女子泳衣的样式及其流行变迁[J]. 南京艺术学院学报(美术与设计), 2019, 184(4):90–94.

[15] 王庄穆. 新中国丝绸史记(1949～2000年)[M]. 北京：中国纺织出版社，2004.

[16] 龚建培. 新中国丝绸色彩设计的策略，范式特征初论(1951—1976)[J]. 流行色, 2020, 409(8):44–49.

[17] 刘焘，常婷，徐利平，李端，吴咏蔚. 旗袍衣领类型与门襟样式搭配的视觉感受研究[J]. 纺织导报, 2020(12):4.

后记

出版这部服饰图绘出于两个原因，一是本人对于绘画艺术的喜爱，认为时装插画需要中国范式和中国风格；二是希望更多的服饰文化爱好者能够正视我国近百年的服饰流行文化，不仅了解服饰流行的表征，也了解本书记录的近六十个流行要素背后的来龙去脉。

笔者自2015年开始研究服饰流行的产生机制，选择这一课题的原因在于厘清社会背景对服饰流行的影响，这对时尚产业的设计方向乃至发展方向都有着举足轻重的意义。社会学的研究依赖于对大量样本的分析，数据统计的过程至今记忆犹新，但最终简单明了的流行规律却让人信服。我将经济、政治、生活方式等因素对于服饰流行表征的影响融汇在了本书中，希望广大读者能够独立地根据社会背景对服饰流行风向做出判断。热爱时尚文化的消费者很多，但少有乐于钻研和查阅流行学学理的消费者，作为科研人员，我也有义务对繁复的学理进行科普。

在本书的创作过程中，我也一次次被中华民族的服饰创新精神感动，特别是求新求异的1920年代和1980年代。这种“敢”的精神，也告诉我一定要将研究立足于本土，不仅是因为中国的时尚流行历史有太多的内容有待挖掘，也是因为本土具有令人骄傲的时尚符号。

最后，感谢中国纺织出版社有限公司的编辑团队对本书的付出，宁波大学服装与服饰设计系同事们的帮助和建议，以及提供创作素材、资料的家人、朋友们！

幸　雪

2021年于宁波大学植物园校区